はじめに

蔵王は奥羽山脈のほぼ中央、宮城県と山形県の県境周辺に位置し、北は雁戸山から南は不忘山まで、約 25 km も続く山岳連峰の総称です。単独の蔵王という山名はありません。昔、修験道が盛んだったころ、紀伊の熊野地方より蔵王権現を招(しょう)聘(へい)して祀(まつ)ったことにより山名がついたという話です。ただ、その山が南端の不忘山なのか、中央蔵王の刈田岳なのかはっきりとはわかりません。現在では連峰全体を総称して蔵王といっているのです。

さて、蔵王のシンボルは“お釜”と呼ばれている火口湖と、高山植物の女王として知られている“コマクサ”ですが、蔵王は冬の樹氷とスキー場でもよく知られています。

この本は蔵王の中央部を通るエコーラインの高山植物を中心に、蔵王連峰に生育する花々を紹介する目的で作成しました。車道のすぐそばで観察できる花々を知っていただくためのハンドブックです。

しかし、蔵王の花々はエコーライン以外にも数多く見られますので、南蔵王縦走路周辺、山形樹氷高原いろは沼周辺、蔵王温泉から地蔵山ザンゲ坂周辺、北蔵王笹谷峠から山形神室岳の登山道周辺の主に5つの地域別の植物の花の写真と、短かい解説を中心に和名の由来を知るためのハンドブックといたしました。高山に咲く素朴で、美しい花たちの名まえを知っていただき、楽しい花旅の手助けになれば、望外の喜びです。

※　他にも北蔵王雁戸山縦走コースや南蔵王後烏帽子コース、水引入道ジャンボリーコースなど、魅力あるコースも数多いのですが、今回は割愛しています。

写真

表　紙：刈田岳山頂よりのぞむお釜
裏表紙：ヨツバヒヨドリとアサギマダラ

この本の見方、使い方

＊コース別

① エコーライン宮城県側（各駐車場周辺）
滝見台～賽ノ磧～駒草平～大黒天～刈田峠入口～山頂バス停～刈田岳山頂

② エコーライン山形県側
・坊平高原
・刈田駐車場～御田神湿原

③ 南蔵王縦走路周辺（刈田峠入口～不忘山～白石スキー場口・硯石口）

④ 蔵王温泉～樹氷高原・いろは沼周辺～地蔵山～ザンゲ坂～片貝沼周辺

⑤ 北蔵王　笹谷峠～ハマグリ山～山形神室岳

＊配列

花期別―なるべく春～夏、夏～秋としましたが連続して区別できなかったものは春～夏～秋としました。

＊ご注意

1. 登場する花は該当コース以外にもありますが、最も目につくコースに載せました。コースに載っていない花の写真は後ろの索引の＊ページをごらんください。

2. 花ごとに高さ（花茎の）と花期を示してありますが、蔵王においての高さや花期ですのでご了承ください。
3. 前述しましたが、花の説明では、主に和名の由来などを解説し、学術的な特徴等は省略していますので、詳しくは後出の参考植物図鑑をごらんください。
4. 蔵王の山々や紅葉、木の実・草の実は主なものだけ載せました。
5. 花旅コース案内は参考タイムです。ゆっくり花を楽しんで歩かれる方は、時間の余裕をお考えのうえ行動なさってください。
6. 裏表紙にスケールをつけてあります。花の高さを測るのにご利用ください。

目　次

蔵王連峰概念図

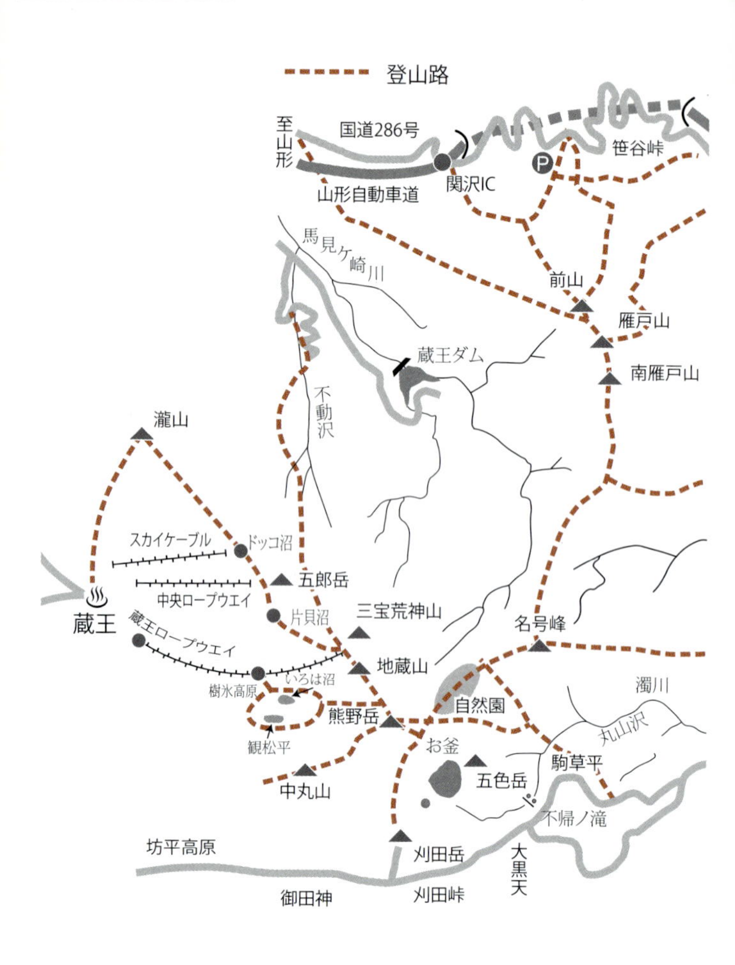
登山路
至山形
国道286号
山形自動車道
関沢IC
笹谷峠
馬見ケ崎川
前山
雁戸山
南雁戸山
蔵王ダム
不動沢
瀧山
スカイケーブル
ドッコ沼
五郎岳
中央ロープウエイ
蔵王
片貝沼
三宝荒神山
名号峰
蔵王ロープウエイ
地蔵山
樹氷高原
いろは沼
濁川
自然園
熊野岳
丸山沢
観松平
お釜
駒草平
五色岳
中丸山
不帰ノ滝
坊平高原
刈田岳
大黒天
御田神
刈田峠

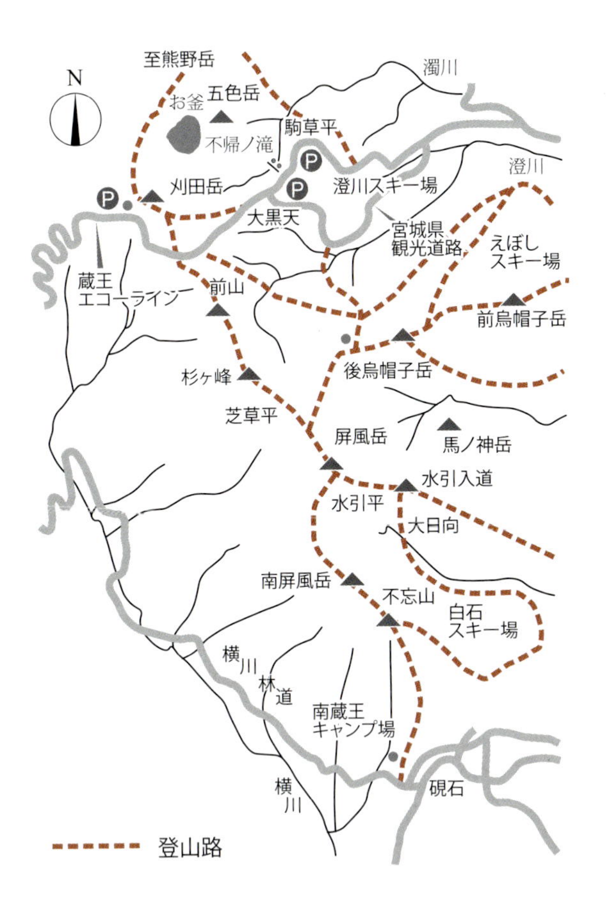
至熊野岳
N
五色岳
お釜
駒草平
不帰ノ滝
濁川
刈田岳
澄川スキー場
澄川
大黒天
宮城県
観光道路
えぼし
スキー場
蔵王
エコーライン
前山
前烏帽子岳
後烏帽子岳
杉ヶ峰
芝草平
屏風岳
馬ノ神岳
水引入道
水引平
大日向
南屏風岳
不忘山
白石
スキー場
横
川
林
道
南蔵王
キャンプ場
硯石
横
川
登山路

植物用語の図解

〈葉の形〉

線形　披針形　倒披針形　長楕円形　楕円形　卵形　倒卵形

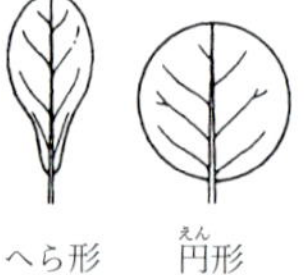
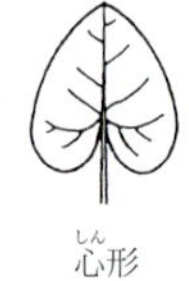

へら形　円形　心形

〈葉の裂けかた〉

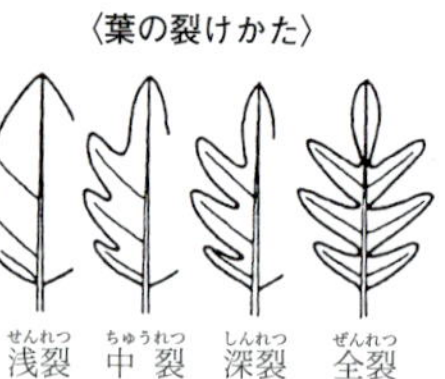

浅裂　中裂　深裂　全裂

〈葉の先と基部の形〉

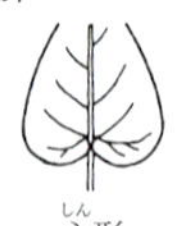

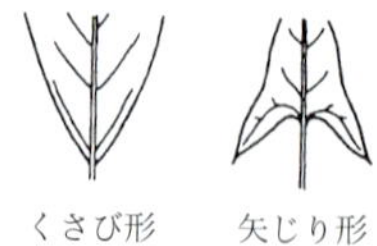

円頭　鋭頭　尾状　心形　くさび形　矢じり形

〈葉縁の形〉

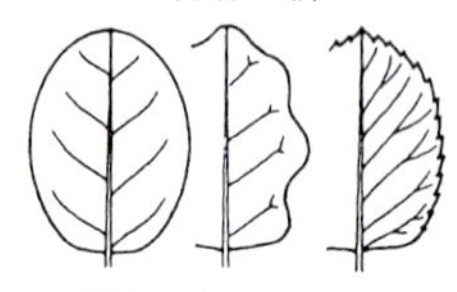

全縁　波状縁　鋸歯縁

〈複　葉〉

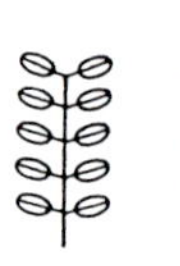

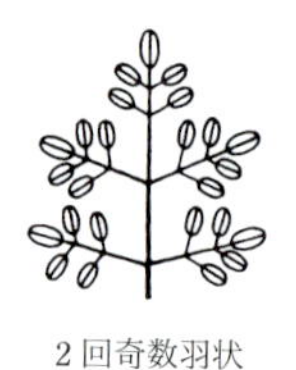

3出　2回3出　偶数羽状　奇数羽状　2回奇数羽状

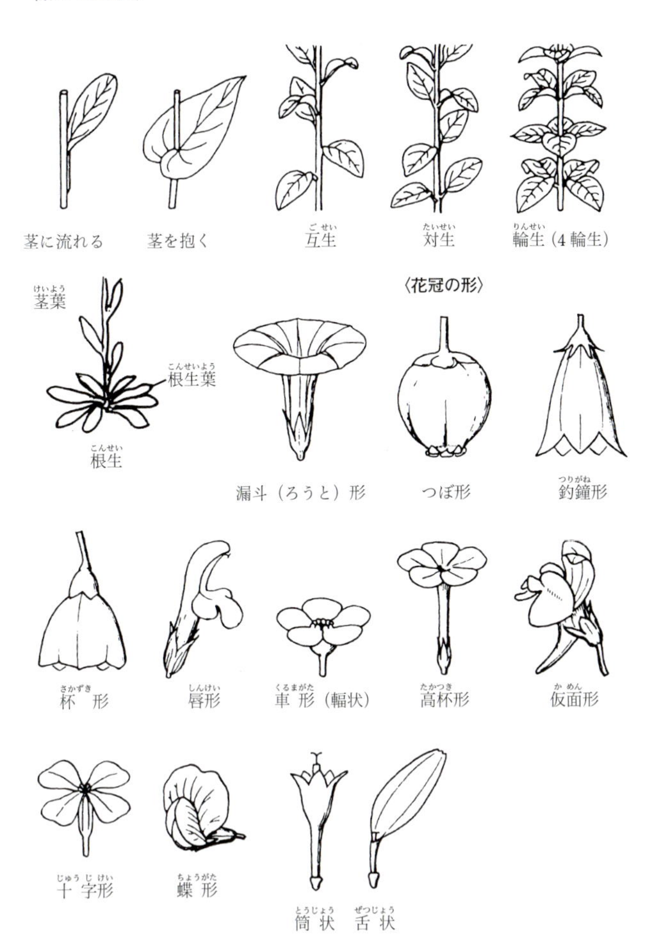
〈葉のつきかた〉
茎に流れる
茎を抱く
互生
対生
輪生（4輪生）
茎葉
根生葉
根生
〈花冠の形〉
漏斗（ろうと）形
つぼ形
釣鐘形
杯　形
唇形
車　形（輻状）
高杯形
仮面形
十　字形
蝶　形
筒　状
舌　状

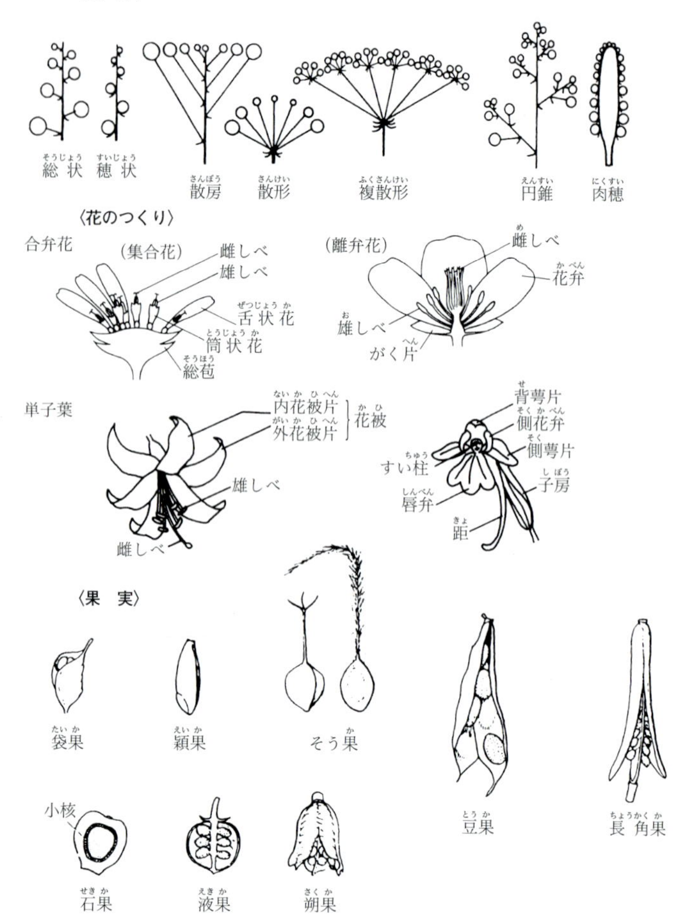
〈花　序〉
総状
穂状
散房
散形
複散形
円錐
肉穂
〈花のつくり〉
合弁花
(集合花)
雌しべ
雄しべ
舌状花
筒状花
総苞
(離弁花)
雌しべ
花弁
雄しべ
がく片
単子葉
内花被片
外花被片
花被
雄しべ
雌しべ
背萼片
側花弁
側萼片
すい柱
子房
唇弁
距
〈果　実〉
袋果
頴果
そう果
豆果
長角果
小核
石果
液果
朔果

蔵王登山行程表（西北部）

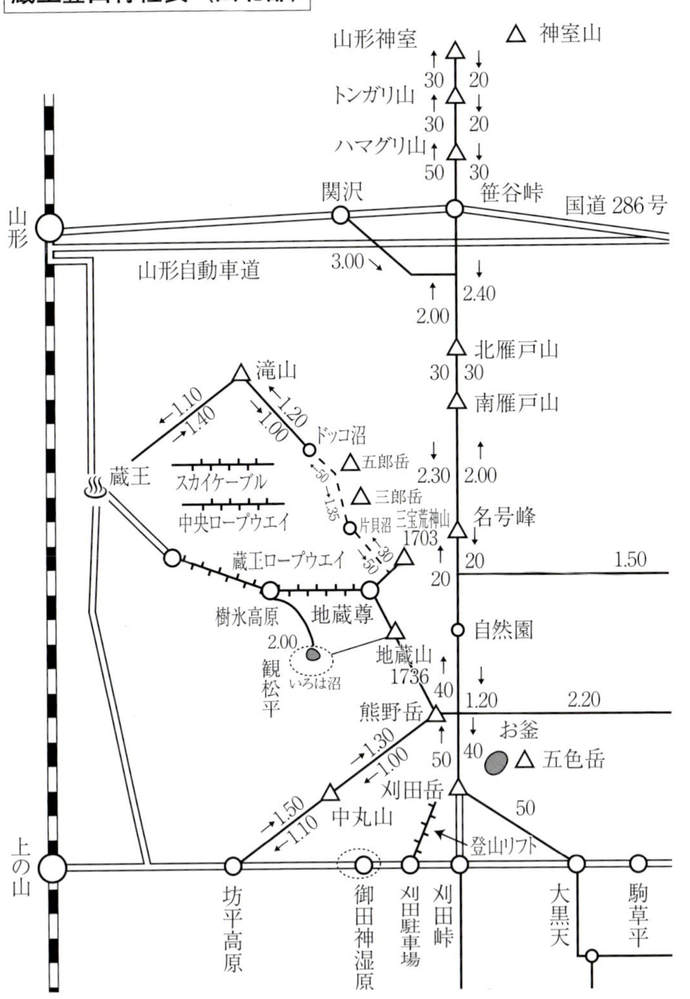

山形神室
神室山
トンガリ山
ハマグリ山
関沢
笹谷峠
国道 286号
山形
山形自動車道
3.00
2.40
2.00
北雁戸山
南雁戸山
滝山
1.10
1.40
1.20
1.00
ドッコ沼
五郎岳
蔵王
スカイケーブル
中央ロープウエイ
三郎岳
片貝沼
三宝荒神山
1703
名号峰
2.30
2.00
20
1.50
蔵王ロープウエイ
樹氷高原
地蔵尊
自然園
2.00
観松平
いろは沼
地蔵山
1736
40
1.20
2.20
熊野岳
お釜
五色岳
1.30
1.00
刈田岳
中丸山
1.50
1.10
50
登山リフト
上の山
坊平高原
御田神湿原
刈田駐車場
刈田峠
大黒天
駒草平

蔵王登山行程表（東南部）

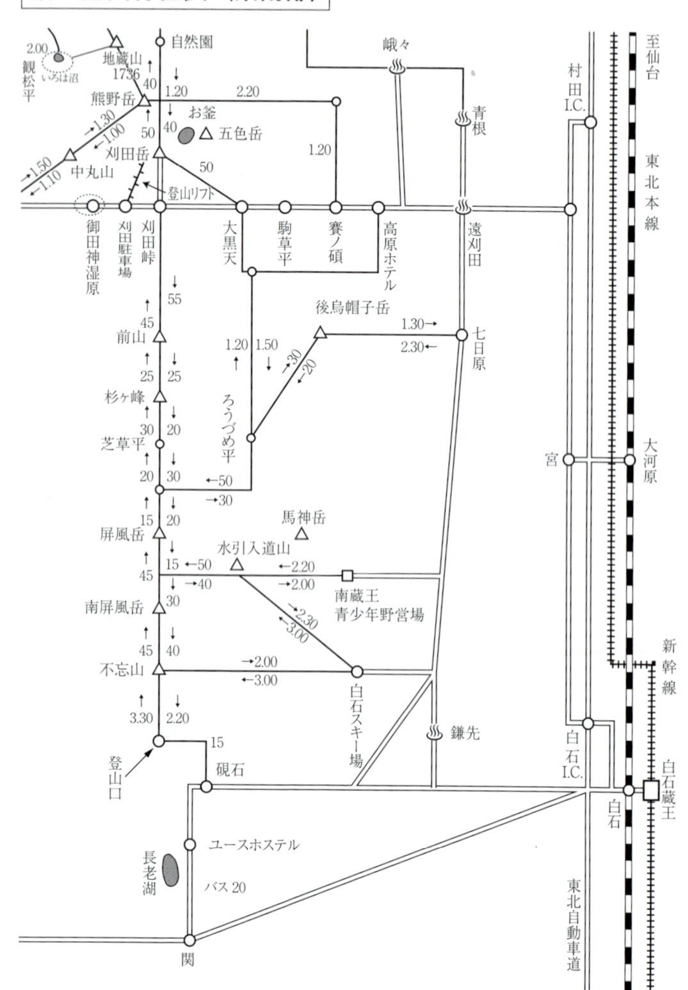

数字は所用時間の目安です

《蔵王エコーラインの花》
宮城県側　主に駐車場周辺
（花期―春～夏～秋）

○滝見台～賽ノ磧P周辺

ベニバナニシキウツギ　エゾアジサイ　ノリウツギ　コバギボウシ　ヤマホタルブクロ　タマガワホトトギス　ヤマジノホトトギス　トリアシショウマ　ヤマブキショウマ　ヤマハハコ　オヤマボクチ　クサギ　タニウツギ

○賽ノ磧～コマクサ平P周辺

ミヤマニガイチゴ　ガンコウラン　イワカガミ　マルバシモツケ　ハクサンチドリ　コメツツジ　ギンラン　ミネヤナギ　ミヤマハンノキ　クロヅル　コメバツガザクラ　ミネズオウ　オニアザミ　キタゴヨウ　ノギラン　コマクサ　アキノキリンソウ　イワキンバイ　メイゲツソウ

○大黒天P周辺

ショウジョウバカマ　イワカガミ　ウラジロヨウラク　オオバスノキ　シラタマノキ　マンネンスギ　フユノハナワラビ　エゾシオガマ　シラネニンジン

モウセンゴケ　ハクサンチドリ　シロバナトウウチソウ　ミヤマハタザオ　エゾオヤマリンドウ

○井戸沢出会い～刈田峠入口P周辺

タカネザクラ　ミヤマスミレ　コヨウラクツツジ　クロウスゴ　アカモノ　ハクサンチドリ　ウズラバハクサンチドリ　オガラバナ　クマノミズキ　ザオウアザミ　タケシマラン　イワオトギリ　ミヤマコウゾリナ　アキノキリンソウ　ゴマナ　ヨツバヒヨドリ　ホソバノキソチドリ

○蔵王ハイライン～刈田岳山頂～井戸沢源頭

ツルツゲ　ツルリンドウ　コケモモ　アオノツガザクラ　シラネニンジン　クロヅル　ヒメアカバナ　イワアカバナ　ミヤマコウゾリナ　ネバリノギラン　クロウスゴ　イワナシ　シロバナトウウチソウ　ミヤマフタバラン

＊宮城側エコーラインの各駐車場、刈田岳山頂駐車場は無料。ただし、蔵王ハイラインは有料道路。

＊刈田岳山頂～井戸沢源頭の観察は多少南東斜面を下るようにしてください。

●ベニバナニシキウツギ

紅花二色空木　＊スイカズラ科　タニウツギ属

高さ：2〜3ｍ　花期：6〜7月

＊名まえの由来は花色が白色から紅色に変化していくウツギというのです。蔵王が北限のこの花は、はじめから濃紅色で、ニシキウツギの仲間かと疑うほど妖艶な感じです。

●エゾアジサイ

蝦夷紫陽花　＊ユキノシタ科　アジサイ属

高さ：1〜1.5ｍ　花期：6〜8月

＊ヘアピンカーブの続く蔵王エコーライン、不動滝より深緑の続く林の中に、ひときわ青紫色の美しいエゾアジサイが姿をあらわします。

ミヤマハンノキ

深山榛の木
＊カバノキ科
　ハンノキ属
高さ：1～5 m
花期：5～6 月

＊残雪の消えるのを待ちかねたように花穂を垂れます。雄花序は黄褐色、雌花序はやや赤く、果穂は長さ 1.5 cm。雌雄同株。

ミネヤナギ

峰柳　＊ヤナギ科　ヤナギ属
高さ：1～2 m　花期：5～6 月

＊ミヤマヤナギともいい、雌雄異株です。新葉が芽ぶくと同時に花を咲かせます。雌花は結実すると、1ヶ月後には白い綿毛をつけて、風に乗って旅立ちます。

ミヤマニガイチゴ

深山苦苺　＊バラ科　キイチゴ属

高さ：20～50 cm　花期：5～6 月

＊岩礫地に多く、果肉は甘いのですが、粒々の中にある核が苦いので、この名がつきました。枝は細く、刺（とげ）が多いのですが、秋には赤熟の実に、つい手を伸ばしてしまいます。

ギンラン

銀蘭

＊ラン科　キンラン属

高さ：15～20 cm

花期：7 月

＊黄色の金蘭に対して、白花なのでギンランです。葉は茎の上部で互生し、茎を抱いています。花は白色で平開しないで 5～10 個つけます。

オニアザミ

鬼薊

*キク科　アザミ属

高さ：50〜100 cm

花期：6月

*花茎は太く、葉は羽状に切れこみ、鋭い刺（とげ）があります。豪壮な感じから、鬼を連想しての名まえになったのです。

ノギラン

芒蘭

*ユリ科　ノギラン属

高さ：20〜40 cm

花期：7月

*雄しべが長くつきだし、花びらの先がとがった感じから芒の名がついたようです。葉は根生し、黄緑色の花を穂のようにつけて咲きます。

マルバシモツケ

丸葉下野　＊バラ科　シモツケ属

高さ：30〜100 cm　花期：6〜7 月

＊シモツケは栃木県の古名で、最初に発見された地名にちなみ、丸い欠刻状の鋸歯が目立つのでつきました。岩礫地を色どる白く丸い花は初夏の日を浴びて美しく輝いています。

コメツツジ

米躑躅　＊ツツジ科　ツツジ属

高さ：約 1 m　花期：6〜7 月

＊落葉低木で、葉は枝先に輪状につきます。花は白く米粒のように見えることからの名まえです。蔵王では賽ノ磧や駒草平など、やや標高の低いところに多く見られます。

イワカガミ

岩鏡
＊イワウメ科
　イワカガミ属
高さ：10〜15 cm
花期：6〜7 月

＊丸く光沢のある葉を鏡に見たてていた名まえで、花茎の先に3〜6個の淡紅色の花をつけます。花弁のふちが細かくフリル状に切れこみ、初夏の風にやさしくゆられています。

ガンコウラン

岩高蘭　＊ガンコウラン科　ガンコウラン属
高さ：10〜15 cm　花期：5〜6 月

＊岩礫地に生育する常緑の小低木で、よく枝分れし、マット状に広がっています。雌雄別株で、花期は早く、雪どけすぐ小さな花を咲かせますが、秋の黒い実がより目立ちます。

コメバツガザクラ

米葉栂桜
＊ツツジ科
コメバツガザクラ属
高さ：5〜10 cm
花期：6〜7月

＊長さ5〜10 mmの米粒状の葉が3枚輪生し、花が3個ずつつくのが特徴です。花冠は壺形で浅く5裂しおちょぼぐちで、花がツガザクラに似ているのでついた名のようです。

ミネズオウ

峰蘇芳　＊ツツジ科　ミネズオウ属
高さ：5〜10 cm　花期：6〜7月

＊葉は対生し、地を這(は)って分枝する小低木で、咲いた花は星をちりばめたように見えます。峰に生育する蘇芳の意味です。スオウはイチイの異名でもあります。

ハクサンチドリ

白山千鳥
＊ラン科
ハクサンチドリ属
高さ：10～40 cm
花期：6月

＊石川県白山に多く見られ、花が千鳥の飛ぶ姿に似ていることからの名。蔵王ではエコーライン沿いに、いちばん多く見られる花です。

ウズラバハクサンチドリ

鶉葉白山千鳥
＊ラン科
ハクサンチドリ属
高さ：20～40 cm
花期：6月

＊ハクサンチドリにはシロバナも見かけますが、葉に暗紫色の斑点のあるウズラバも時折見かけます。葉の斑点をウズラの胸毛の斑点になぞらえて名づけられたものです。

シラタマノキ

白玉の木
＊ツツジ科
　シラタマノキ属
高さ：10〜30 cm
花期：7〜8 月

＊果実が丸く、白いので、アカモノに対してシロモノともいいます。花は壺形で、下向きに咲きますが、秋の実の白さが目立ち、つぶすとサロメチールのような匂いがします。

タニウツギ

谷空木　＊スイカズラ科　タニウツギ属
高さ：2〜3 m　花期：5〜6 月

＊ウツギは幹や枝の内部が空洞なので、空木。主に谷間のような湿った所に生育しています。葉は対生し、卵楕円形、花はろうと状鐘形で、淡紅白色で美しく咲き匂っています。

タカネザクラ

高嶺桜　　＊バラ科　サクラ属

高さ：2〜6 m　花期：6月

＊峰桜ともいい、樹皮は暗灰色か紫褐色で光沢があり、葉が開くのと同時に、直径 2〜3 cm の花を咲かせます。

ミヤマスミレ

深山菫　　＊スミレ科　スミレ属

高さ：5〜15 cm　花期：5〜6月

＊亜高山の林縁や草地に多く、花茎は根生葉から延び、淡紅紫色の花をつけます。花色は鮮やかで、早春の深山の林下を美しく染めあげています。

コマクサ

駒草　＊ケシ科　コマクサ属
高さ：5〜15 cm　花期：6〜7 月

＊高山植物の女王という名にふさわしく、美しくかわいい花です。葉はパセリのような白っぽい緑色。花は紅紫色で、名まえのように、つぼみが馬の横顔を思わせます。

コマクサ群落

蔵王ではエコーライン沿いのコマクサ平で鑑賞できます。柵がまわしてありますが、コマクサ平の北側の滝見台付近に、もっとも数が多く、見ごたえがあります。熊野山頂のはるか東側の斜面には大群落があり、息をのむほど壮観です。

タケシマラン

竹縞蘭
＊ユリ科
タケシマラン属
高さ：20〜40 cm
花期：6〜7月

＊竹縞は葉が竹の葉に似て、葉身に縞の筋があり、草姿が蘭を思わせることから。花は赤味がかった淡緑色で、花被片が反りかえり、小型のUFOのように見えます。

コヨウラクツツジ

小瓔珞躑躅
＊ツツジ科
ヨウラクツツジ属
高さ：2〜3 m
花期：6月

＊葉は枝先に集まってつき、花は帯黄赤色です。花冠は5 mmのゆがんだ壺形、ヨウラクツツジの小型という感じの落葉低木です。

ショウジョウバカマ

猩々袴　＊ユリ科　ショウジョウバカマ属

高さ：10～30 cm　花期：5～6 月

＊花の色を能楽の猩々に似せ、地面に広がった葉を袴(はかま)に見立ててこの名がつきました。ロゼット状の越冬葉にやや長い花茎を伸し淡紅色の花を咲かせます。

イワキンバイ

岩金梅　＊バラ科　キジムシロ属

高さ：10～20 cm　花期：6～7 月

＊山地の岩上に生える金梅草の意味で、蔵王にはあまり多く生育していないようです。葉は 3～5 小葉で、裏面は粉白色で、花茎の先に黄色の 5 弁花を集散状につけます。

ミヤマフタバラン

深山二葉蘭
＊ラン科
　フタバラン属
高さ：10〜25 cm
花期：7 月

＊ガンコウランなどの中に生えていて、葉は2枚対生し、花は3〜10個、唇弁は浅く2裂し、やや紫色を帯びてかわいい感じで咲いています。

黒臼子　＊ツツジ科　スノキ属
高さ：1〜1.2 m　花期：6〜7 月

＊亜高山の林縁に生え、果実が黒味を帯び、へこんでいるので、この名があります。花は淡緑色や帯黄紅色の壺形で、1個ずつ下向きに垂れて咲いています。

オガラバナ

麻幹花　　＊カエデ科　カエデ属

高さ：5〜8 m　花期：6〜7 月

＊材がもろく、麻幹（アサの皮をはいだ茎を、盆の迎え火にたくのに使った）に似ているのでついた名。葉は対生し、掌状で、縁に欠刻状の鋸歯があり、黄緑の花穂を上向きにつけます。

クマノミズキ

熊野水木　　＊ミズキ科　ミズキ属

高さ：5〜8 m　花期：6〜7 月

＊近畿熊野地方に多く見られるので、ついた名です。水木より 1 ケ月ほど遅く、枝先に黄白色の小さな花を多数つけます。果実は 5 mm ほどの球形で黒紫色に熟します。

ザオウアザミ

蔵王薊　　*キク科　アザミ属

高さ：1〜1.5 m　花期：8〜9 月

* 1999 年門田裕一先生によって発見された蔵王の固有種です。ナンブアザミに似ているのですが、総苞片（一般的な萼の部分）が斜上しているのが特徴で、地蔵山からザンゲ坂周辺に大群落が見られます。

イワオトギリ

岩弟切　　*オトギリソウ科　オトギリソウ属

高さ：15〜20 cm　花期：6〜8 月

*葉は長い楕円形で、透かして見ると、黒い点が多くみられます。これは鷹匠の兄が秘薬の秘密をもらした疑いで、弟を切った時の血のあとだといういわれからついた名です。

メイゲツソウ

明月草　＊タデ科　イタドリ属

高さ：30〜50 cm　花期：7〜8月

＊別名オノエイタドリともいい、虎杖（イタドリ）の高山型で、ふつう白色、淡紅色ですが、花や果実がとくに赤いので、明月草という名をもらっているようです。

ヨツバヒヨドリ

四葉鵯　＊キク科　フジバカマ属

高さ：1〜1.5 m　花期：7〜9月　アサギマダラ蝶(左)クジャク蝶(右)

＊葉を4枚輪生し、ヒヨドリの鳴くころ花が咲くというわれからの名のようですが、葉の輪生は3枚のものも5枚のものもあります。渡りをするアサギマダラ蝶が蜜を吸いに訪れるので、よく知られている植物でもあります。

フユノハナワラビ

冬ノ花蕨
＊ハナヤスリ科
ハナワラビ属
高さ：15〜50 cm
花期：8月

＊冬緑性のシダ植物。秋に2〜3回球状複葉の栄養葉とやや丈の高い胞子葉をだす。胞子葉は熟すと淡褐色になります。

万年杉　　＊ヒカゲノカズラ科　ヒカゲノカズラ属
高さ：10〜20 cm　常緑のシダ植物　花期：8月

＊地下茎で這い、地上の茎は立ちあがり、子のう穂は直立します。まるで常緑の杉のような感じなのでついた名のようです。

ミヤマハタザオ

深山旗竿　　＊アブラナ科　ハタザオ属

高さ：10～40 cm　花期：6～8 月

＊根生葉は切れ込みのあるものも、ないものもあり、変化があります。白い小さな十字形の花を開きますが、直立する旗竿より弱々しい感じで、倒れているものも多く見かけます。

アキノキリンソウ

秋ノ麒麟草

＊キク科

アキノキリンソウ属

高さ：15～60 cm

花期：8 月

＊黄色の花をベンケイソウ科のキリンソウにたとえての名まえ。長い茎の先の方に、黄色の頭花を密集させて咲きます。

ノリウツギ

糊空木　＊ユキノシタ科　アジサイ属
高さ：2〜4 m　花期：7〜8月

＊昔この木の樹皮からとった粘液を、紙すきのときの糊料にしたといいます。中心の両性花と白い大きな装飾花をつけるので、よく目立ちます。アイヌ語ではサビタというそうです。

コバギボウシ

小葉擬宝珠
＊ユリ科　ギボウシ属
高さ：30〜60 cm
花期：8月

＊ギボウシは花のつぼみを橋の欄干の擬宝珠にたとえたもので、コバは葉が小さいことをあらわしています。淡い紫色の筒状鐘形の花を下向きに咲かせます。

ヤマブキショウマ

山吹升麻
＊バラ科
ヤマブキショウマ属
高さ：30～100 cm
花期：7月

＊葉脈のはっきりした小葉が、ヤマブキに似ていることからの命名。雌雄異株で、雄花の色は少し濃く、若葉は山菜としても利用されます。

トリアシショウマ

鳥足升麻
＊ユキノシタ科
チダケサシ属
高さ：40～100 cm
花期：7月

＊葉脈は不規則で、先端の小葉がもっとも大きいようです。芽生えてすぐの姿が鳥の足に見えます。山菜としてもよく利用されます。

タマガワホトトギス

玉川杜鵑草　＊ユリ科　ホトトギス属

高さ：40〜80 cm　花期：7〜8 月

＊和名はヤマブキの名所、京都井出の玉川に名を借り、花の斑点が鳥のほととぎすの胸の斑点に似ていることから名づけられました。緑陰の貴公子ぴったりのりりしい花形です。

オヤマボクチ

雄山火口

＊キク科
ヤマボクチ属

高さ：50〜150 cm

花期：8 月

＊全体的にいかつい感じで、葉の裏面の綿毛を集めて火口（ほくち）に利用したことからの名まえ。枝先に 4〜5 cm の頭花をつけます。

ヤマホタルブクロ

山蛍袋
＊キキョウ科
ホタルブクロ属
高さ：30〜40 cm
花期：6月

＊この花の中に子どもが蛍を入れて遊んだとか、ちょうちんの昔の名の“火垂る”をあてたとかの説があります。ヤマホタルブクロは萼(がく)片の間の付属体がなく、花色も濃いようです。

クサギ

臭木　＊クマツヅラ科　クサギ属
高さ：4〜8 m　花期：7月

＊枝や葉をちぎると、強い臭気があるので、悪い名まえをつけられたようです。花冠は5裂で平開し、白色でよく目立ち、萼は紅紫色で、遠くからでもよくわかる美しい花です。

ヤマハハコ

山母子　＊キク科　ヤマハハコ属

高さ：30〜70 cm　花期：8〜9月

＊白い花びら状の総苞片は、光沢があり、山地に生える母子草のイメージからの名まえのようです。日当りのよい山地の草原に多く、この花に出会うとしみじみと秋の到来を感じさせられます。

ヤマジノホトトギス

山路の杜鵑草　＊ユリ科　ホトトギス属

高さ：30〜60 cm　花期：8〜9月

＊山道の傍らなどに多く、花弁にホトトギスの胸斑点のようなものが目立つので、ついた名です。花びらの上半部は水平に広がり、紅紫色の斑点がとても美しい秋の花です。

ゴマナ

胡麻菜

＊キク科　シオン属

高さ：1～1.5 m

花期：8～9 月

＊葉がゴマの葉に似ているので、この名がつきました。茎の上部に小形の頭花を多数つけるので、秋の草原の中でよく目立ちます。花は直径 1.5 cm くらいで、舌状花は白色です。

シロバナトウウチソウ

白花唐打草　＊バラ科　ワレモコウ属

高さ：30～50 cm　花期：8～9 月

＊東北の高山に生育する特産種です。葉は奇数羽状複葉で 3～6 対あり、上部に 2～5 cm の花序を出し、上部より開花します。花は白色で、糸のように長い雄しべが目立ちます。(蜜を吸う蝶はクジャク蝶)

ツルツゲ

蔓黄楊　＊モチノキ科　モチノキ属
高さ：50～80 cm　花期：6～7 月

＊ツルツゲは蔓状になる常緑低木で、茎は地面を這って広がります。雌雄別株で、花は白色ですがあまり目立たず、果実は約 5 mm の球形で赤く熟し、よく目立ちます。

蔓竜胆　＊リンドウ科　ツルリンドウ属
つる性植物　花期：8～9 月

＊山地の木陰に多く生育し、茎は細長く紫色を帯び、蔓になって、近くの木や草にからみついて、淡紫色の筒状鐘形の花をつけます。果実は紅紫色の液果で、よく目立ちます。

●コケモモ

苔桃　＊ツツジ科　スノキ属

高さ：5〜15 cm　花期：6〜7 月

＊コケのように小さい植物で、桃に似た実をつけるのでついた名まえ。枝先に赤味を帯びた鐘形の白花を下向きに咲かせ、実は赤熟し、果実酒にすることがあります。

●アオノツガザクラ

青ノ栂桜　＊ツツジ科　ツガザクラ属

高さ：10〜40 cm　花期：6〜7 月

＊花色が緑黄色で、マツ科のツガ属に葉形がそっくりなのでついた名です。蒴果(さくか)が上を向くので、つぼみのように感違いすることもあります。雪田のやさしい若王子のようです。

シラネニンジン

白根人参
＊セリ科
　シラネニンジン属
高さ：10〜40 cm
花期：8 月

＊葉は羽状複葉で、ニンジンに似ていて、日光白根山で見つかったのでついた名。花は白色で 1.5 mm と小さく複数花序に多数つきます。

クロヅル

黒蔓　＊ニシキギ科　クロヅル属
つる性落葉木本　花期：7〜8 月

＊つるが赤褐色なので、生け花に使用することもあります。葉は互生し、枝先に白い花を多数つけます。クロヅルの名は樹皮が黒色で、つる状の小低木なのでつけられました。

ヒメアカバナ

姫赤花
＊アカバナ科
　アカバナ属
高さ：5〜20 cm
花期：7〜8月

＊ヒメアカバナはアカバナの中でも小さくて、かわいいのでついた名です。短い花茎に淡紅色の花を茎頭に1個ずつつけます。花弁は4枚で、花後の柱頭はこん棒状になります。

イワアカバナ

岩赤花　　＊アカバナ科　アカバナ属
高さ：15〜50 cm　花期：7〜8月

＊秋になるとアカバナは、葉が真赤に色づいて美しく、湿った岩場などに生育するので、イワアカバナと名づけられたようです。

ミヤマコウゾリナ

深山髪剃菜

＊キク科

ミヤマコウゾリナ属

高さ：15〜50 cm

花期：8月

＊茎や葉にかたい毛があり、手が切れそうな感じから、カミソリにたとえてこの名があります。枝先に黄色の花をつけ、総苞に剛毛があり、名にふさわしい感じです。

ネバリノギラン

粘り芒蘭

＊ユリ科

ソクシンラン属

高さ：20〜40 cm

花期：7月

＊ノギランに似て、茎の上部や花が粘るのでこの名がつきました。黄緑色の小さな花を多数つけますが、壺形の花はつぼみ状です。

《蔵王エコーライン・坊平高原》
(春〜夏〜秋)

スズラン　アズマギク　レンゲツツジ　フデリンドウ　オオヤマフスマ　アマドコロ　タムシバ　ウワミズザクラ　キジムシロ　オニアザミ　ギンラン　ヤマオダマキ　オニシモツケ　ヤグルマソウ　クサボタン　ヤナギラン　ハンゴンソウ　ノコンギク　カセンソウ　ヤマハギ　リンドウ　ワレモコウ　ツリガネニンジン　ナンブアザミ

ナナカマド　アズキナシ

＊坊平高原は広く、一般的には駐車場入口よりT字路につきあたり右折して上部の駐車場より、白樺林を横断した草地の木製テーブルと椅子の付近の観察がいいと思います。

タムシバ

田虫葉（噛柴）
＊モクレン科
　モクレン属
高さ：2〜8 m
花期：6 月

＊白色 6 弁の花は、早春の林の中に美しく咲き匂うので、ニオイコブシともいいます。

ナナカマド

七竈　　＊バラ科　ナナカマド属
高さ：2〜10 m　花期：5〜6 月

＊この木の材は燃えにくく、7 度カマドに入れても焼け残るということから。秋に熟す赤い実は小鳥たちのごちそうです。

●レンゲツツジ

蓮華躑躅　　＊ツツジ科　ツツジ属
高さ：1〜3 m　花期：5〜6 月
＊高原に群生し、花のつき方がレンゲ（ハス）のように輪生するように咲くので。美しいのですが有毒です。

●フデリンドウ

筆竜胆　　＊リンドウ科　リンドウ属
高さ：5〜10 cm　花期：4〜5 月
＊この花のつぼみの形が、筆の穂先に似ているのでついた名で、かわいい青紫色の花は日がかげると閉じてしまいます。

アズマギク

東菊
＊キク科
ムカシヨモギ属
高さ：10〜30 cm
花期：6月

＊東国地方に生える菊の意味でついた名です。早春の代表選手の一つで、坊平に群生して咲く花には思わず感嘆の声をあげてしまいます。

オオヤマフスマ

大山衾
＊ナデシコ科
オオヤマフスマ属
高さ：5〜20 cm
花期：6月

＊別名ヒメタカソデソウと古歌よりのいわれがあります。可憐な白い花を愛でた昔の人びとの奥ゆかしさが感じられる花です。

ウワミズザクラ

上溝桜　　＊バラ科　サクラ属
高さ：10〜20 m　花期：5〜6 月

＊昔、亀甲占いで、この材の上面に彫った溝という説が有力な由来です。雄しべが長くつきでてブラシのようにも見えますが、つぼみや若い実は山菜としても利用されているようです。

スズラン

鈴蘭
＊ユリ科　スズラン属
高さ：20〜25 cm
花期：6 月

＊広鐘形で白色の花は、葉より低いところに咲き、先端が6裂してそり返り、芳香があります。キミカゲソウ（君影草）の別名もあります。

キジムシロ

雉蓆　＊バラ科　キジムシロ属

高さ：5〜30 cm　花期：4〜5 月

＊早春、やや丸く広げるように茎葉をのばし、5 弁の黄色い花を咲かせているのを、キジの座るむしろ（ざぶとんのような）に見たてた名といういわれを知ると、なるほどと妙に感心してしまいます。

アマドコロ

甘野老

＊ユリ科　アマドコロ属

高さ：30〜80 cm

花期：6 月

＊茎に稜（りょう）（角ばっている）があり、黄白色の根茎は甘く、食用のヤマイモに似ているのでこの名があります。よく似たナルコユリは茎が丸く稜はありません。

ヤグルマソウ

矢車草

＊ユキノシタ科
ヤグルマソウ属

高さ：30〜80 cm

花期：6〜7 月

＊広げた葉の形が端午(たんご)の節句の鯉のぼりの矢車に似ていることから。大きな5枚の根生葉と円錐状の白花はよく目立ち、目を惹きつけます。

ヤマオダマキ

山苧環

＊キンポウゲ科
オダマキ属

高さ：30〜70 cm

花期：6〜7 月

＊萼片が紫褐色で、距(きょ)の立った花の形が、昔麻糸を巻いた管、苧環に似ていることから名づけられたということです。

クサボタン

草牡丹　＊キンポウゲ科　センニンソウ属

高さ：80～100 cm　花期：7～9 月

＊葉が牡丹の葉に似ていて、茎は木質化しますが草の仲間です。花は花弁がなく、淡紫色のがく片が 4 枚で、筒状になり、先が反りかえっています。

オニシモツケ

鬼下野

＊バラ科　シモツケソウ属

高さ：1～2 m

花期：7 月

＊シモツケ（下野）は栃木県の古名で、最初に発見された地名がつきました。オニは大柄ということで、シモツケはピンクなのに、オニシモツケは白く大きな花を咲かせます。

ツリガネニンジン

釣鐘人参
＊キキョウ科
ツリガネニンジン属
高さ：60〜100 cm
花期：8月

＊釣鐘のような花を咲かせ、白く太い根が朝鮮人参に似ているので。葉は3〜4枚が輪生し、淡紫色の釣鐘状の花を下向きにつけて咲きます。

ハンゴンソウ

反魂草　＊キク科　キオン属
高さ：1〜2 m　花期：7〜9月

＊黄色い花はキオンに似ていますが、葉は深く切れ込んでいます。この花は薬効があり、死線をさまよっていた人が、魂を戻らせた草だから、という説を支持したいと思います。

ワレモコウ

吾木香
＊バラ科　ワレモコウ属
高さ：50〜100 cm
花期：9月

＊長い枝先に、暗紅色の小さな花を多数集まった穂をつけます。吾亦紅（私もまた紅い花）とも書くそうです。

カセンソウ

歌仙草
＊キク科　オグルマ属
高さ：60〜80 cm
花期：9月

＊昔の高貴な人の乗る御車の車輪を連想させ、この御車に“歌仙”（歌の上手な人）が乗るという発想からの名というゆかしい感じの説があります。

ノコンギク

野紺菊　＊キク科　シオン属

高さ：50～100 cm　花期：8～10 月

＊秋の訪れを告げるかのように咲き、花の色は淡い紺色から濃い紺色まであるので、野に咲く紺色の菊と名づけられました。秋の野菊の代表選手といえるでしょう。

ヤナギラン

柳蘭

＊アカバナ科
ヤナギラン属

高さ：1～1.5 m

花期：8 月

＊細長い葉をヤナギに、花をランにたとえた名まえ。紅紫色の美しい花は総状に下から咲きのぼっていきます。

リンドウ

竜胆
＊リンドウ科
リンドウ属
高さ：20〜80 cm
花期：9 月

＊リンドウは根を乾燥したものを薬用にするので、漢方薬では苦味のある竜の胆の名がつけられました。草原に多いようです。

ナンブアザミ

南部薊
＊キク科　アザミ属
高さ：1〜2 m
花期：8〜10 月

＊葉や総苞片の刺は鋭くなく、根生葉は花期に枯れています。枝先に紅紫色の頭花を斜め下向きにつける中部以北では最も普通に見られるアザミです。

《蔵王エコーライン　山形側》御田神湿原

○刈田駐車場～御田神湿原（車道の両側）
(春～夏) ヒナザクラ　ムラサキヤシオ　ノビネチドリ　ハクサンチドリ　ツマトリソウ　マイヅルソウ　ミツバオウレン　サラサドウダン　ベニサラサドウダン　チングルマ　ヤエチングルマ　ウラジロヨウラク　ミネカエデ　コミネカエデ　オオカメノキ　アカミノイヌツゲ　ハナヒリノキ　コバイケイソウ　ワタスゲ　ゴゼンタチバナ　ベニバナイチヤクソウ　コケモモ　タニウツギ　クロウスゴ　ハクサンシャクナゲ　オオバノヨツバムグラ　ミネズオウ　アカモノ　ヒメイワカガミ
(夏～秋) モウセンゴケ　トキソウ　サワラン　ウメバチソウ　ホソバノキソチドリ　アキノキリンソウ　キンコウカ　イワショウブ　エゾオヤマリンドウ　シロバナトウウチソウ　ミヤマネズ　オオシラビソ　スギカズラ

＊御田神湿原はエコーラインの両側にひろがっていますが、刈田駐車場より西側の細く続く登山道を通って、木道に出て、クラーク碑より南下し、標識よりエコーラインを横断し、向いの木道を通って散策し、刈田駐車場に戻るコースをおすすめします。木道のあるところは木道上をはずれずに歩くようにしてほしいものです。

ヒナザクラ

雛桜

＊サクラソウ科
　サクラソウ属

高さ：7〜15 cm

花期：6 月

＊東北地方の特産種で、日本ではじめて学名をつけられた植物です。

(Primula nipponica)（プリムラ ニッポニカ）

ヒナザクラ群落

ヒナザクラは（ヒナ＝小さい）かわいいサクラ草という意味です。この花が咲くと、しみじみと春の到来を感じます。蔵王では芝草平と御田神の一部、刈田峠の一部の湿原に生育しています。東北でも八甲田山から吾妻連峰までの限られた所の湿原だけの名花です。

ムラサキヤシオ

紫八染
＊ツツジ科　ツツジ属
高さ：1〜3 m
花期：6月

＊紫八染とは花色が何回も染めたように濃いので、名づけられたもの。葉に先だって開花し、紅紫色の花冠は美しく、目を惹く春の妖精のようです。

ミツバオウレン

三葉黄蓮　＊キンポウゲ科　オウレン属
高さ：5〜10 cm　花期：6〜7月

＊黄蓮は根茎の断面が黄色いことからで、ミツバは根生葉が3枚で光沢があることからの名です。白色花弁状のものは萼片で、花は黄色でつつましく咲いています。

ノビネチドリ

延根千鳥
＊ラン科
テガタチドリ属
高さ：30〜60 cm
花期：6〜7 月

＊延根とは根が地中を横走し、花が千鳥に似ているための名です。葉は長楕円形で、縁が波うつので、よく目立ち、淡紅紫色の花は美しくのびやかです。

マイヅルソウ

舞鶴草　＊ユリ科　マイヅルソウ属
高さ：10〜20 cm　花期：6〜7 月

＊湾曲した葉脈が目立つハート形の葉から、鶴が舞う姿を連想しての名まえで、群落をつくり、秋には美しい実をつけるので、人気の花です。

ツマトリソウ

褄取草　＊サクラソウ科　ツマトリソウ属
高さ：5～15 cm　花期：6～7月

＊花弁の縁に見られる紅色の縁取りを、和服の「褄取り」に見たてて名づけられたのですが、ほとんどの花は白色7弁で、褄取りの花弁は少ないようです。

ウラジロヨウラク

裏白瓔珞　＊ツツジ科　ヨウラクツツジ属
高さ：1～2 m　花期：6～7月

＊別名ツリガネツツジ。ヨウラクは仏像にかける飾り玉のことで、葉裏が白いのでついた名まえです。萼片の長いものをガクウラジロヨウラクといいます。

ミネカエデ

峰楓　*カエデ科　カエデ属

高さ：2〜5 m　花期：6〜7 月

*亜高山の林縁などに多く生育するのでついた名まえ。葉は対生し掌状に5裂して、枝先に淡黄色の花をつけます。果実の翼はほぼ直角で、秋は美しく黄葉します。

コミネカエデ

小峰楓　*カエデ科　カエデ属

高さ：2〜5 m　花期：6〜7 月

*葉の切れ込みが深く、裂片の先は尾状に鋭くとがっています。雌雄別株で、分果の翼はほぼ水平に開きます。秋の紅葉は真っ赤で、とても見事な美しさです。

サラサドウダン

更紗灯台　　＊ツツジ科　ドウダンツツジ属
高さ：3〜5 m　花期：6〜7 月

＊花に紅色の縦の筋が入ることから更紗の名がついています。枝先に釣鐘状の花が多数垂れさがって咲くので、フウリンツツジともいい、紅葉も美しい植物です。

ベニサラサドウダン

紅更紗灯台
＊ツツジ科
　ドウダンツツジ属
高さ：3〜5 m
花期：6〜7 月

サラサドウダンの変種で、花は濃赤色、花冠は5〜6 mm の鐘形で、先端は5裂しています。ドウダンは灯台で、形が灯台の台架に似ているからの名のようです。

コバイケイソウ

小梅蕙草　　＊ユリ科　シュロソウ属

高さ：50〜100 cm　花期：6〜7 月

＊花形が梅、葉が蕙蘭（けいらん）に似ていて、草丈が大柄なわりに花が小型なので、ついた名です。目を凝らすと、清楚で美しい植物です。毎年同じように豊かな花をつけるとは限りません。有毒植物。

ワタスゲ

綿菅　　＊カヤツリグサ科　ワタスゲ属

高さ：30〜50 cm　花期：5〜6 月

＊高層湿原に多く、蔵王では芝草平や御田神に大きな群落があります。花は雪どけとともに見られ、花茎が伸びて、綿のような白い球形の果穂をつくるので、よく目立ちます。

モウセンゴケ

毛氈苔　＊モウセンゴケ科　モウセンゴケ属

高さ：6〜20 cm　花期：6〜8 月

＊湿地に生育する食虫植物。葉身は 1 cm で斜めに開き、縁と表面に紅紫色の腺毛があり、小さい虫が触れると粘液で虫を捕え、消化吸収をするので、この名がつきました。

トキソウ

鴇草（朱鷺草）　＊ラン科　トキソウ属

高さ：10〜20 cm　花期：6〜7 月

＊線状長楕円形の葉は茎の中部に 1 個つき、花は紅白紫色で、茎の先に 1 個つきます。花色が朱鷺（とき）の羽のトキ色をなぞってつけられました。唇弁は 3 裂し、ピンクの美しい花です。

アカミノイヌツゲ

赤実の犬黄楊　　＊モチノキ科　モチノキ属

高さ：1.5〜3 m　花期：6〜7 月

＊雌雄異株の常緑低木で、白い花は目立たないのですが、果実は赤熟し、7 mm ほどの核果はよく目立ちます。イヌは役にたたない意味で、実がツゲのように黒くならないのでついた名まえです。

オオカメノキ

大亀の木　　＊スイカズラ科　ガマズミ属

高さ：3〜5 m　花期：5〜6 月

＊葉は対生し、広卵形の形が亀の甲羅に似ているという説と、葉がよく虫に食われることからムシクワレ→ムシカリと転訛した説とがあります。花穂の中心の両性花とそのまわりを白い装飾花がとり巻いていてよく目立ちます。

ベニバナイチヤクソウ

紅花一薬草
＊イチヤクソウ科
　イチヤクソウ属
高さ：15〜20 cm
花期：6月

＊濃いピンクの花が花茎に10〜15個つきます。乾燥したものを脚気などの民間薬に利用したことからの命名のようです。

ゴゼンタチバナ

御前橘　　＊ミズキ科　ゴゼンタチバナ属
高さ：5〜20 cm　花期：6〜7月

＊石川県白山の御前峰に多く、実がカラタチバナに似ていることからついた名です。白い4枚の花弁状のものは萼片でよく目立ちますが、花は中ほどの小さな黄色のものです。葉が6枚のものにだけ花がつくようです。

チングルマ

稚児車　　＊バラ科　チングルマ属

高さ：10～20 cm　花期：6～7月

＊梅の花に似た白い5弁の花は、直径2～3 cm、花後は花柱が伸びて、羽毛状の実をつけます。それを稚児（子ども）が遊ぶ風車に見立てての名のようです。

チングルマ群落

＊蔵王御田神湿原の木道周辺はチングルマの大群落が見られるところです。まさに壮観という表現があてはまるのはこのことでしょう。中には八重咲きのやや大きめの花もみることがあります。

●ヤエチングルマ

八重稚児車　＊バラ科　チングルマ属

高さ：10〜20 cm　花期：6月下旬

＊チングルマは一般的には、蔵王では6月中旬ごろが観察するのに一番いいのですが、6月下旬近く、ほぼ咲き終えたころ八重咲きのものに出会うことがあります。花はやや大きくて、ひときわ目だちます。

●チングルマの実

＊チングルマの名まえの由来になったものは、咲き終えて実になったときのそう果が、稚児のやわらかな和毛（にこげ）に似ていることからということです。

サワラン

沢蘭

＊ラン科　サワラン属

高さ：20〜30 cm

花期：8月

＊サワランは沢辺のような湿地に生育するので。花色は濃赤紫色で美しく、全開しないで横向きに咲きます。花色からアサヒランともいいます。

ウメバチソウ

梅鉢草　　＊ユキノシタ科　ウメバチソウ属

高さ：10〜30 cm　花期：7〜8月

＊花の形が天満宮の紋章の梅鉢紋に似ているのでついた名。茎葉は1葉のみで、葉の基部は茎を抱き、梅の花に似た白い5弁花のまとまった株は、気品があり、美しく見えます。

キンコウカ

金光花（金紅花）　＊ユリ科　キンコウカ属
高さ：15〜40 cm　花期：7〜8 月

＊高層湿原に群生し、葉は線状披針形で剣状、花は黄色で、名のように金色に輝くので、この名があります。また葯(やく)が紅いところから金紅花の字もあてられているようです。

イワショウブ

岩菖蒲　＊ユリ科　チシマゼキショウ属
高さ：15〜50 cm　花期：7〜8 月

＊初秋の風が吹く湿原に、ぽつぽつと岩菖蒲が咲き出しています。根生葉が剣状で、菖蒲に似ています。花が粘ることからムシトリグサの別名も。しかし食虫植物ではありません。

エゾオヤマリンドウ

蝦夷御山竜胆　　*リンドウ科　リンドウ属

高さ：20〜50 cm　花期：8〜9 月

*花は茎頭に集まってつき、花冠はほとんど平開しません。花は濃紫青色で、枯れはじめた秋草の中、鮮やかで秋の貴公子のように気品があり、凛々しく感じます。

アカモノ

赤物　別名イワハゼ　　*ツツジ科　シラタマノキ属

高さ：10〜30 cm　花期：6〜7 月

*果実が赤く熟し、食べられるので、アカモモ、これがなまってアカモノになったという説があります。若い枝や花柄や萼に長い赤い毛が多く、鐘形の小さな花をたくさん下向きに咲かせる姿は、可憐で、いとおしくなります。

ハナヒリノキ

鼻嚔の木　＊ツツジ科　イワナンテン属

高さ：1〜2 m　花期：6〜7 月

＊ハナヒリはくしゃみの方言で、有毒植物。かつて葉を煎じて家畜の駆虫剤として使っていたそうです。長さ 5〜15 cm の総状花序に淡緑色の壺形の花を多数つけます。

オオバノヨツバムグラ

大葉の四葉葎　＊アカネ科　ヤエムグラ属

高さ：5〜20 cm　花期：7〜8 月

＊輪生する 4 個の葉は、細長く先がとがり、縦に入った 3 脈が目立ちます。葎（むぐら）はつる草の総称です。

オオシラビソ

大白檜曽
＊マツ科　モミ属
高さ：20 m　雌雄同株
花期：6～7月

＊別名アオモリトドマツ。葉がびっしりと密生し、葉裏の白さが目立つのでついた名。冬の樹氷は世界的に有名です。

ミヤマネズ

深山杜松　　＊ヒノキ科　ビャクシン属
高さ：1～2 m　花期：6～7月

＊幹が地面を這うように伸び、枝先に粉白色の球果をつけます。針葉をネズミの通る穴に差しこんでおくと、ネズミが痛がるだろうということでついた名のようです。

スギカズラ

杉蔓　＊ヒカゲノカズラ科　ヒカゲノカズラ属

高さ：10〜20 cm　花期：7月

＊主茎は地を這い、枝は立ち上がって、先に無柄の胞子のう穂をつけます。葉は扁平で、短い刺、縁に鋸歯があります。高さは10〜20 cm のシダ植物のようです。

ヒメイワカガミ

姫岩鏡

＊イワウメ科
イワカガミ属

高さ：10〜15 cm

花期：6月

＊イワカガミの一種と思われます。たった1個の小さな個体でしたが、3花ほどの白花が珍しく、高さは10 cm ほどの植物で、はじめて見つけたので写真に撮りました。

《南蔵王の花》　縦走路周辺
刈田峠入口～杉ヶ峰～芝草平～屏風岳～南屏風岳～不忘山～白石スキー場（一部硯石口）

(春～夏)
イワナシ　コミヤマカタバミ　サンカヨウ　ツバメオモト　ミヤマハンショウヅル　ヒロハノヘビノボラズ　オオバスノキ　ハウチワカエデ　ムシトリスミレ　オオバキスミレ　ベニバナイチゴ　ゴヨウイチゴ　アズマシャクナゲ　ミヤマキンバイ　ユキワリコザクラ　ハクサンイチゲ　ツガザクラ　シラネアオイ　ノウゴウイチゴ
(夏～秋)　ウスユキソウ　エゾシオガマ　ミヤマホツツジ　ハリブキ　ホソバノキソチドリ　ハクサンシャジン　イワイチョウ　タカネアオヤギソウ　キンコウカ　イワショウブ　サワラン　ヒトツバヨモギ　ムツノガリヤス　ウメバチソウ　トモエシオガマ　タカネサギソウ　ミヤマオダマキ　イブキジャコウソウ　ハナイカリ　ミヤマダイモンジソウ　ワガトリカブト　ホソバイワベンケイ

イワオウギ　コタヌキラン　チシマゼキショウ　ミヤマシシウド　ハクサンオミナエシ　カラマツソウ　マルバダケブキ　キバナノカワラマツバ　クルマユリ　ミヤマシャジン　ミヤマトウキ　タカネバラ　イブキトラノオ　ムカゴトラノオ　オヤマソバ　イワインチン　オノエラン　ホタルサイコ　ハクサンサイコ　ハクサンフウロ　タチコゴメグサ　オオカサモチ　フボウトウヒレン　ハイマツ　シャクジョウソウ　チゴユリ　ササバギンラン　ヤマシャクヤク

＊南蔵王は連峰中でも、もっとも花の数の豊かな山ですが、アプローチが長く、観察にはかなり時間がかかります。出発を早くし、午後早めに登山口に着けるようにしたいものです。特に水場がないので、水は少し多めに持参していきましょう。

＊登山行程表は主に歩行中心のものですから、観察時間を加味してご利用ください。

イワナシ

岩梨　　＊ツツジ科　イワナシ属

高さ：10〜25 cm　花期：5〜6 月

＊岩礫のある林縁に多く、果肉が梨に似て甘酸っぱい味がするのでついた名です。葉は革質で、花は淡紅色の筒状で、先が 5 裂していますが、花はもろく触れるとすぐ落ちます。

コミヤマカタバミ

小深山片喰　　＊カタバミ科　カタバミ属

高さ：5〜20 cm　花期：6〜7 月

＊深山に生えるミヤマカタバミの小形種、茎や葉にシユウ酸を含み酸味があります。花は花茎の先に 1 個つき、花弁はうすいピンク色で、脈は紫色を帯び、ふくよかでかわいい感じです。

サンカヨウ

山荷葉　＊メギ科　サンカヨウ属
高さ：30〜60 cm　花期：5〜6月

＊深山に生育し、ハスを思わせる大きな葉からついた名です。花は白色の6弁花で、透明に近いみずみずしさで美しく、秋には青紫色のやや大きな実をつけます。（漢名の山荷葉はあて字のようです。）

ツバメオモト

燕万年青
＊ユリ科
ツバメオモト属
高さ：20〜40 cm
花期：6月

＊葉が万年青（おもと）に似て、秋に熟す濃紺色の実を燕の頭のるり色にみたてた名。花の白さと濃い緑の葉との対比がみずみずしく感じられます。

ヒロハノヘビノボラズ

広葉の蛇上らず　＊メギ科　メギ属

高さ：1～3 m　花期：6～7月

＊幹や枝に大きな棘（とげ）があり、それが名まえの由来になっています。丸く鮮やかな葉かげから、淡黄色で、総状の花を密につけ、秋の果実は楕円形で赤熟します。

ミヤマハンショウヅル

深山半鐘蔓

＊キンポウゲ科
　センニンソウ属

花期：6月

＊枝は蔓性で、低木などにからみ、長く伸びます。花は半鐘形で、濃い紅紫色の萼片で、下向きに1個咲かせます。クレマチスの仲間です。

オオバスノキ

大葉酢の木　＊ツツジ科　スノキ属

高さ：約1m　花期：6〜7月

葉が大きく、液果が黒紫色で、やや酸味があるのでついた名です。葉は長楕円形で、花は紅黄緑色の鐘形ですが、亜高山の林縁に多く、秋の紅葉がよく目立つ低木です。

ハウチワカエデ

羽団扇楓　＊カエデ科　カエデ属

高さ：5〜10cm　花期：6月

＊葉を天狗のうちわに見たててつけられました。葉は対生し、浅く9〜11裂し、縁に重鋸歯があり、秋の紅葉は美しくみごとです。

エゾシオガマ

蝦夷塩釜

＊ゴマノハグサ科
　シオガマギク属

高さ：20〜50 cm

花期：7〜8月

＊北海道に多く、古名のエゾがつくシオガマギク。上から見ると、巴形に。重鋸歯のある葉の葉脈に黄白色の花を1個ずつ咲かせます。地味ですが、存在感があります。

ミヤマホツツジ

深山穂躑躅

＊ツツジ科
　ミヤマホツツジ属

高さ：50〜100 cm

花期：7〜8月

＊深山に生育し、花が穂状（すい）につくツツジなので、ついた名。花冠は赤味を帯びた緑白色で、深く3裂し、反り返り、花柱は長く突き出て、弓なりに上に曲がっています。

●ムシトリスミレ

虫取菫　＊タヌキモ科　ムシトリスミレ属
高さ：5〜15 cm　花期：6〜7 月

＊高山の湿った草地に生育し、葉からねばねばする消化粘液を出して、虫を捕食します。花は青紫色で、可憐な姿ですが、食虫植物の代表選手です。スミレではありません。

●オオバキスミレ

大葉黄菫
＊スミレ科　スミレ属
高さ：15〜30 cm
花期：6〜7 月

＊山地の林縁に多く、大きくて立派な葉と黄色の花がよく目立ちます。スミレは花の後ろの距(きょ)が大工仕事の墨(すみ)入れ壺に似ていることからつけられたようです。

ベニバナイチゴ

紅花苺　＊バラ科　キイチゴ属

高さ：80〜100 cm　花期：6〜7 月

＊落葉低木で、幹や枝に刺がなく、花は濃い紅紫色の 5 弁花なので、紅花イチゴの名がつけられました。花は枝先に 1 個下向きに咲き、実は赤熟して食べられます。

ゴヨウイチゴ

五葉苺　＊バラ科　キイチゴ属

高さ：15〜30 cm　花期：6〜8 月

＊落葉小低木ですが、草姿に見え、茎はつる状に延びて地を這い、枝や萼に刺（とげ）があります。葉が 5 小葉なので、この名がありますが、花弁は小さく、目立ちません。

ノウゴウイチゴ

能郷苺　＊バラ科　オランダイチゴ属

高さ：5〜10 cm　花期：6〜7 月

＊本州中北部以北の高山の湿った草地に生育。岐阜県能郷で発見されたので、この名があります。長い走出枝を伸ばして増えます。白い花弁は幅が狭くて、7〜8 個です。

アズマシャクナゲ

東石楠花　＊ツツジ科　ツツジ属

高さ：約 3 m　花期：5〜6 月

＊東国地方に多く分布するシャクナゲということから。葉の表面は濃緑色で、裏面は灰褐色の毛でおおわれています。枝先に淡紅紫色の花を 5〜10 個ずつ咲かせます。

ミヤマキンバイ

深山金梅　　＊バラ科　キジムシロ属

高さ：10〜20 cm　花期：6〜7 月

＊花形が梅に似て、黄色なのでついた名です。花は 5 弁花で花弁の先が少しへこみ、鮮黄色の花は遠くからでも目立って美しく咲き匂っています。

ユキワリコザクラ

雪割小桜　　＊サクラソウ科　サクラソウ属

高さ：5〜15 cm　花期：6 月

＊雪どけを待ちわびるように咲き出す小さなサクラ草という和名。淡紅紫色の花は気品がある春の使者です。

ハクサンイチゲ

白山一花　＊キンポウゲ科　イチリンソウ属
高さ：20〜50 cm　花期：6〜7月

＊根生葉も花茎に輪生する4個の葉も深く切れ込み、花は白色で、茎の先に2〜5個ほど咲き、高山の草地に群生しています。和名は石川県白山に多いのでついたようです。

ササバギンラン

笹葉銀蘭
＊ラン科　キンラン属
高さ：30〜50 cm
花期：7月

＊葉が笹の葉に似て、花色が銀蘭と同じ白色なので。葉は卵状披針形で、銀蘭より大きく、花の下の苞は花序より長いのが特徴です。

ツガザクラ

栂桜　　*ツツジ科　ツガザクラ属

高さ：5〜35 cm　花期：6〜7 月

*葉が針葉樹の栂（つが）の葉に似て、桜色の鐘形の花を咲かせるのでついた名まえ。花は枝先に 2〜6 個つき、花冠は鐘形で、浅く 5 裂し、下向きに咲きます。

シラネアオイ

白根葵

*シラネアオイ科
シラネアオイ属

高さ：20〜50 cm

花期：6〜7 月

*日光の白根山に多く、花がアオイ科のタチアオイに似ていることから。紅紫色の花弁に見えるのは萼片。一科一属一種の世界に誇る日本の特産種です。

●ウスユキソウ

薄雪草　＊キク科　ウスユキソウ属
高さ：20〜50 cm　花期：7〜8 月

＊頭花の外側に星状に並ぶ、綿毛のように見える苞葉を、薄く白く積もった雪に見たててついた名で、エイデルワイスの仲間です。

●ホソバノキソチドリ

細葉の木曽千鳥
＊ラン科
　ツレサギソウ属
高さ：20〜40 cm
花期：7〜8 月

＊亜高山の草地に多く、黄緑色の花がよく目立ちます。10〜20個の花の距は下向きに湾曲しています。木曽千鳥よりも繊細なのでついた名まえです。

ハクサンシャジン

白山沙参
＊キキョウ科
ツリガネニンジン属
高さ：30〜60 cm
花期：7月

＊葉は3〜4個輪生し、花は淡青色で、数個ずつ輪生し、2〜3段の花輪のように見えます。白花もよく見かけます。

タカネアオヤギソウ

高嶺青柳草
＊ユリ科
シュロソウ属
高さ：20〜40 cm
花期：7月

＊花が淡黄色で、細長い葉が柳を連想させます。花被片は6個、葉は長さ20〜30 cmくらいのものが多いようです。

イワイチョウ

岩銀杏
＊ミツガシワ科
イワイチョウ属
高さ：20〜40 cm
花期：7〜8月

＊光沢のある葉がイチョウに似ています。花冠は白色で5深裂し、縁に波形のしわがあります。蔵王では花の数が葉に比べて極端に少ないのですが、湿原に広く群生しています。

ハリブキ

針蕗　＊ウコギ科　ハリブキ属
高さ：30〜100 cm　花期：6〜7月

＊亜高山の針葉樹林下に生え、大きな葉で、針（刺）の多いキク科のフキに見たてたついた名。全身武装して、近よったら刺すぞという感じで、秋には実が赤熟して目立ちます。

トモエシオガマ

巴塩釜　　*ゴマノハグサ科　シオガマギク属

高さ：20〜50 cm　花期：7〜8 月

*シオガマギクの高山型。花茎の先にうずまき型のピンクの花をつけ、それが巴状に見えることから。シオガマは海水から塩をつくった時、そのカマドが浜辺に風情を添えて、「浜」で美しいのを「葉」まで美しいにかけたのです。

タカネサギソウ

高嶺鷺草　　*ラン科　ツレサギソウ属

高さ：10〜15 cm　花期：7〜8 月

*高山に生育する鷺草というのですが、サギよりも千鳥に似ている感じです。葉は広楕円形で、花茎の先に黄緑色の唇弁が3裂する花を咲かせ、地味な中にも存在感があります。

ミヤマオダマキ

深山苧環
＊キンポウゲ科
　オダマキ属
高さ：10〜25 cm
花期：7月

＊高山に生育する苧環：オダマキは麻糸を巻いた道具で、花の形が似ていることから。青紫色の萼片5枚と、紫色の白い花弁がよく目立つ花です。

イブキジャコウソウ

伊吹麝香草
＊シソ科
　イブキジャコウソウ属
高さ：3〜15 cm
花期：7〜8月

＊伊吹山（滋賀、岐阜県）に多く、ジャコウ鹿の持つ香料に似た香りを持つことから。花は唇形で、淡紫紅色で岩場に多く生育します。小低木で地を這い、よく分枝します。

ハナイカリ

花碇
＊リンドウ科
ハナイカリ属
高さ：20〜50 cm
花期：7〜8 月

＊花の形が船のイカリに似ていることからついた名まえ。葉の脇から数本の花柄をのばし、4 深裂した淡黄紅色の花を咲かせます。

ミヤマダイモンジソウ

深山大文字草
＊ユキノシタ科
ユキノシタ属
高さ：5〜20 cm
花期：7〜8 月

＊高山に生育し、花の形が漢字の“大”の字を連想させるので。花は白色で 5 弁、下の 2 枚の花弁が長く、“大”の字に見えます。葉は腎円形で、縁は掌状に浅裂しています。

●イワオウギ

岩黄耆
＊マメ科
　イワオウギ属
高さ：20〜80 cm
花期：7月

＊岩場に生える黄耆のことで、漢方生薬と同類であることからの名。花は黄白色で、10〜30個ほど下向きにつけ、豆果は扁平で3〜4個の節があります。

●ミヤマシシウド

深山猪独活
＊セリ科　シシウド属
高さ：40〜100 cm
花期：8月

＊花が白色の複散形花序大型で、イノシシが食うのに適したウドと見たてて名づけられました。頑丈な感じの植物です。

ワガトリカブト

和賀鳥兜
＊キンポウゲ科
　トリカブト属
高さ：30〜150 cm
花期：7〜8 月

＊広い意味のミヤマトリカブトに分類してもいいと思うのですが、同定はむずかしい植物です。茎葉は5深裂していますが、やや堅い感じです。花は鮮やかな青紫色でよく目立ちますが、猛毒なので気をつけたいものです。

ホソバイワベンケイ

細葉岩弁慶
＊ベンケイソウ科
　イワベンケイ属
高さ：10〜25 cm
花期：6〜7 月

＊強壮性の植物なので武蔵坊弁慶に結びつけ、名づけられたものです。雌雄異株の多年草で、三角状の鱗片葉が密生し、そのわきから花茎を出して、集散状の花を咲かせます。

コタヌキラン

小狸蘭
＊カヤツリグサ科
　スゲ属
高さ：30〜60 cm
花期：7 月

＊火山裸地に多く生育し、花穂が狸の尾に似て小型なので。長い柄の先に垂れたふっくらした果穂はかわいく、ほほえましい感じです。

ハクサンオミナエシ

白山女郎花　＊オミナエシ科　オミナエシ属
高さ：20〜60 cm　花期：7〜8 月

＊葉は掌状に 3〜5 中裂し、縁に欠刻があります。黄色の花は小さく、多数で、別名のコキンレイカは花のようすからついたようです。ハクサンは石川県白山に多いので。

キバナノカワラマツバ

黄花の河原松葉　　＊アカネ科　ヤエムグラ属

高さ：20〜80 cm　花期：6〜7 月

＊花が黄色で、葉が松葉のように見え、河原のような岩場に多いので。茎の先や上部の葉の脇から花枝を伸ばし、淡黄色の小さな花を密につけて咲きます。

カラマツソウ

唐松草　　＊キンポウゲ科　カラマツソウ属

高さ：50〜100 cm　花期：7〜8 月

＊花の形がカラマツの葉に似ていることからの名で、花は白色で花弁はなく、多数の花糸（かし）（雄しべ）が目立ちます。葉は複葉で、葉柄（ようへい）の分岐点に托（たく）葉（小さな葉）があります。

フボウトウヒレン

不忘唐飛廉
＊キク科
トウヒレン属
高さ：30～70 cm
花期：8～9月

＊蔵王アザミと共に命名された新種。（門田裕一先生の命名）茎に狭い翼（よく）があるのがトウヒレン属で、唐は外国風、飛廉は翼のあるアザミの意味です。

マルバダケブキ

丸葉岳蕗　＊キク科　メタカラコウ属
高さ：50～100 cm　花期：7～8月

＊亜高山の林縁に生え、フキに似た大きく丸い葉が特徴の花。葉は約 30 cm の腎円形で、頭花は黄色で筒状、両性花で遠くからでもよく目立ちます。

イブキトラノオ

伊吹虎の尾
＊タデ科
　イブキトラノオ属
高さ：20～150 cm
花期：8月

＊伊吹山に生育する虎の尾に似た花穂の意味で、1 m 以上もある白色か淡紅紫色の花穂が微風にゆれ、生きもののように動いてみえます。

ムカゴトラノオ

零余子虎の尾
＊タデ科
　イブキトラノオ属
高さ：20～70 cm
花期：8月

＊根生葉から花茎を伸ばし、上部に白色か淡紅白色の花穂を出し、下部に珠芽（むかご）をつけます。花は結実せず、珠芽でふえます。

タカネバラ

高嶺薔薇　＊バラ科　バラ属
高さ：50〜100 cm　花期：7〜8月

＊高山に咲くバラの意味で、ハマナスの花に似ていますが、やや小型で、紅く微妙な色あいの花は、深く冴えて美しく、ほのかに甘い香りがします。小葉は3〜4対です。

オヤマソバ

御山蕎麦
＊タデ科　オンタデ属
高さ：20〜50 cm
花期：8月

＊高山の砂礫地に生え、茎や葉や実がソバに似ていることから。花は白色か帯黄白色。御山は石川県の白山のこと。

イワインチン

岩茵蔯　　＊キク科　キク属

高さ：10〜25 cm　花期：7〜8 月

＊岩茵蔯はカワラヨモギの漢名で、葉がよく似ていて、岩場に生育するので。茎葉は裏面に白い綿毛が密生し、まるでヨモギのようです。頭花は黄色で密集して咲きます。

オノエラン

尾上蘭　　＊ラン科　ハクサンチドリ属

高さ：10〜15 cm　花期：7〜8 月

＊尾根のような岩場に咲く蘭の意味で、葉は根生葉が 2 個、花は白色で、内側に W 字形の黄色の模様が目立ちます。蔵王では不忘山頂に多く、小さいながら存在感があります。

ハクサンサイコ

白山柴胡　＊セリ科　ミシマサイコ属
高さ：20〜60 cm　花期：7〜8月

＊柴胡はこの属の根を乾燥させた生薬の名称で、白山に多いことからの名まえ。緑色の小総苞片5〜6個が星形に並び、その中央に淡黄色の小花を密につけています。

ホタルサイコ

蛍柴胡
＊セリ科
ミシマサイコ属
高さ：50〜100 cm
花期：7〜8月

＊セリ科なのに葉に切れ込みがなく、黄色の5弁花がホタルに似ているので名づけられたようです。茎葉は茎を抱き、葉裏は青白く、花は茎頭や枝の先について咲きます。

チシマゼキショウ

千島石菖
＊ユリ科
　チシマゼキショウ属
高さ：5～15 cm
花期：8月

＊根生葉が剣状で、サトイモ科の石菖に似て、千島列島で発見されてついた名です。葉は10 cmくらいで、花茎の先に赤紫色の数個の花を密につけて咲きます。

タチコゴメグサ

立小米草
＊ゴマノハグサ科
　コゴメグサ属
高さ：10～30 cm
花期：8～9月

＊山地の乾いた草地に生える半寄生の一年草。淡紫色を帯びた斑点のある白い小さな唇弁花を米粒に見たてた名。

ミヤマシャジン

深山沙参　＊キキョウ科　ツリガネニンジン属

高さ：20〜40 cm　花期：7〜8 月

＊シャジンは朝鮮人参のこと、根が人参に似ているので。青紫色の花冠は、鐘形で先は５裂し、うつむいて咲く姿ははっとするほど鮮やかで、美しく、よく目立ちます。

ミヤマトウキ

深山当帰　＊セリ科　シシウド属

高さ：20〜50 cm　花期：7〜8 月

＊高山の岩礫地で多く見かけ、全体に独特の香りがします。当帰は漢方薬に使われている名で、生薬の一つです。別名ナンブトウキとかイワテトウキともいわれています。

ハクサンフウロ

白山風露　＊フウロソウ科　フウロソウ属

高さ：30～80 cm　花期：7～8 月

＊石川県白山に多いフウロという意味で、亜高山の草地に群生します。根生葉も茎葉も 5 深裂、花は紅紫色で、花弁は 5 個。濃紅紫色の筋が目立ちます。ゲンノショウコの仲間。

オオカサモチ

大傘持

＊セリ科

オオカサモチ属

高さ：60～150 cm

花期：7～8 月

＊亜高山の草地に生え、茎は太く中空で、上部は短く、細い枝を分岐し、茎頭に大きなカラカサ状の白色の小さな 5 弁花を咲かせます。大型の傘状の花序からの名です。

ハイマツ

這松　＊マツ科　マツ属

高さ：1〜1.2 m　花期：6〜7 月

＊蔵王では杉ヶ峰〜南屏風岳山頂付近に多くみられる雌雄同株の常緑低木。丈が低く、幹が 10 cm くらいの太さに育つのに 100 年くらいかかるというから驚きです。種子に翼がないので区別できます。

シャクジョウソウ

錫杖草　＊イチヤクソウ科　シャクジョウソウ属

高さ：5〜20 cm　花期：7〜8 月

＊山地の暗い林の下に生える腐生植物で、全体が淡黄褐色、茎は直立し、葉は鱗片状で、密についています。花は筒状の鐘形で、姿を僧侶の持つ杖（錫杖（しゃくじょう））に見たてて名づけられました。

ヤマシャクヤク

山芍薬　　＊ボタン科　ボタン属
高さ：40〜50 cm　花期：5〜6 月

＊山地の木陰に生える多年草で、シャクヤクよりすっきりした感じの花。茎の先に直径 4〜5 cm の白い花を 1 個だけ開き、最盛期でも水平に開かず、2〜3 日で潔く散る優雅な花です。

チゴユリ

稚児百合　　＊ユリ科　チゴユリ属
高さ：15〜20 cm　花期：5 月

＊小さくて、かわいらしい花が咲くというのでついた名です。山野の林の下にふつうに見られます。茎の先に白い花を 1 個うつむきかげんに咲かせます。

《蔵王高原いろは沼、観松平〜蔵王中央高原〜片貝沼〜ザンゲ坂〜地蔵山の花》

（夏〜秋）ミヤマキンポウゲ　ギンリョウソウ　イソツツジ　タテヤマリンドウ　ズダヤクシュ　シロバナハクサンチドリ　イチヤクソウ　エゾスズラン　イブキゼリモドキ　ザオウアザミ　ハクサンシャクナゲ　ニッコウキスゲ　ヤマハハコ　ゴゼンタチバナ　ネバリノギラン　ワタスゲ　サワラン　キンコウカ　ヨツバヒヨドリ　ハナヒリノキ　ホソバノキソチドリ　コバイケイソウ　オニアザミ　シロバナハナニガナ　ヤマブキショウマ　マイヅルソウ　ツマトリソウ　チングルマ　ウラジロヨウラク　サラサドウダン　コメツガ　クマノミズキ　ミツバオオレン　アカミノイヌツゲ　トキソウ　イワショウブ　アカモノ　シラタマノキ　アキノキリンソウ　ミヤマシシウド　ツルリンドウ　ナナカマド　エゾオヤマリンドウ　ヨツバムグラ　ツルリンドウ　シロバナトウウチソウ　ムラサキヤシオ

ミヤマキンポウゲ

深山金鳳花
＊キンポウゲ科
キンポウゲ属
高さ：50 cm
花期：7〜8月

＊深山に咲く金色のめでたい花という意味。花は黄色の5弁花で、光沢があり、雪田近くに群生しています。

タテヤマリンドウ

立山竜胆　＊リンドウ科　リンドウ属
高さ：5〜15 cm　花期：6〜7月

＊立山（富山県）に多い竜胆であることからの和名。花冠は深青紫色で5裂し、長さ1〜2 cmで、湿原の中に、星のひとみのように、ぽつぽつと可憐に咲いています。

エゾスズラン

蝦夷鈴蘭　＊ラン科　カキラン属
高さ：30〜70 cm　花期：7〜8 月

＊緑色の花が咲くので、アオスズランとも呼ばれています。葉は 5〜7 個つき、卵状楕円形で先はとがり、深緑色の花を総状につけますが、写真のものは若い個体です。

ギンリョウソウ

銀竜草　＊イチヤクソウ科　ギンリョウソウ属
高さ：10〜20 cm　花期：6〜8 月

＊山地の腐植土の多いところに生える腐生植物。うろこ状の葉に包まれた姿を竜に見たてた名まえ。薄暗いところに生え茎の先に白い花を下向きに 1 個つけます。

ザオウアザミ＊

蔵王薊
＊キク科　アザミ属
高さ：1〜1.5 m
花期：8〜9 月

＊1999 年国立科学博物館の門田裕一氏によって、新種のアザミと命名されたもので、蔵王の固有種です。特徴は総苞片が斜上し、色あいも美しく、のびやかで、優雅な感じです。(p. 30 と同種)

ハクサンシャクナゲ

白山石楠花　　＊ツツジ科　ツツジ属
高さ：1〜3 m　花期：7〜8 月

＊石川県白山に多いので、この名がつきました。葉は厚い革質で、つやがあり、両面とも無毛です。花冠は 5 裂し、内側に緑色の斑点があり、美しく咲き匂っています。

ウラジロヨウラク＊

裏白瓔珞
＊ツツジ科
　ヨウラクツツジ属
高さ：1〜2 m
花期：6月

＊別名　ツリガネツツジ
ヨウラクは仏像にかける飾り玉のことで、葉裏が白いので、ウラジロです。(p. 61と同種)

ガクウラジロヨウラク

萼裏白瓔珞
＊ツツジ科
　ヨウラクツツジ属
高さ：1 m 程度
花期：5〜6月

＊ウラジロもガクウラジロも同じ植物で、両方とも混在しています。

イブキゼリモドキ

伊吹芹擬

＊セリ科

　シラネニンジン属

高さ：30〜90 cm

花期：7〜9 月

＊茎はあまり分枝しないで、小葉は羽状に深裂して、地味ですが、存在感のある花です。

ニッコウキスゲ

日光黄萓

＊ユリ科　キスゲ属

高さ：60〜80 cm

花期：7〜8 月

＊日光の戦場が原などに多く生育していた黄萓なので、この名がついたようです。一日花で、朝咲いて夕方しぼみます。

イソツツジ

磯つつじ
＊ツツジ科
　イソツツジ属
高さ：1 m
花期：6〜7 月

＊湿原などに多く、枝分れして、枝先に白い花が球状に集まってつき、花からつき出た雄しべがよく目立っています。

ズダヤクシュ

喘息薬種
＊ユキノシタ科
　ズダヤクシュ属
高さ：10〜40 cm
花期：6〜8 月

＊ズダは長野県の方言で喘息（ぜんそく）のこと。喘息によく効くというので。花も実も独特の形をしていて、ユーモラスです。

サラサドウダン＊

シラタマノキ＊

アカモノ（イワハゼ）＊

ハクサンチドリ＊

マイヅルソウ＊

ナナカマド＊

トキソウ＊

ゴゼンタチバナ＊

サワラン＊

シロバナハナニガナ＊

コバイケイソウ＊

ヨツバムグラ＊

キンコウカ＊

イワショウブ＊

ムラサキヤシオ＊

エゾオヤマリンドウ＊

《北蔵王　笹谷峠〜山形神室の花》
笹谷峠〜ハマグリ山〜
トンガリ山〜山形神室岳
（春〜夏〜秋）

タチツボスミレ　ウツボグサ　リヨウブ　クガイソウ　トンボソウ　カキラン　カワラナデシコ　シモツケソウ　ミヤマカラマツ　オニシモツケ　ヤマユリ　クルマユリ　オオバギボウシ　マルバキンレイカ　ウスユキソウ　タテヤマウツボグサ　ハクサンサイコ　エゾノヨツバムグラ　ハクサンフウロ　イワインチン　ヨツバヒヨドリ　ノリウツギ　シオガマギク　イブキジャコウソウ　イワオトギリ　アオヤギソウ　ヤマハハコ　アキノキリンソウ　ナンブアザミ　タチコゴメグサ　オヤマボクチ　マツムシソウ　ヤマハギ　オミナエシ　ツリフネソウ　ミネウスユキソウ　キツリフネ　ヤマジノホトトギス

＊笹谷峠（906 m）〜ハマグリ山（1,149 m）〜トンガリ山（1,241 m）〜山形神室（1,344 m）

＊笹谷峠には広い駐車場があり、山形神室と雁戸山の花旅に使用できます。
＊ミネウスユキソウは同定が不確かでありウスユキソウと連続していて区別がむずかしいのですが、丈が低いのと、頭花にほとんど柄がないように見えたので載せました。
＊笹谷峠は高原なので、他にも低山に多く見られる花々から亜高山性の花々まで、思った以上に植相の豊かなところです。

カキラン

柿蘭
＊ラン科　カキラン属
高さ：30～50 cm
花期：8 月

＊オレンジがかった黄色の花が柿色をしているので。ピンクの唇弁があかんべーをしているようでユーモラスな花。

タテヤマウツボグサ

立山靭草　＊シソ科　ウツボグサ属
高さ：20～45 cm　花期：7～8 月

＊富山県立山で発見されたウツボグサ（矢を入れる靭に似ている）という意。花冠が大きく、走出枝を出さないのが特徴です。（写真のものを特にウスイロタテヤマリンドウともいう）

●ヤマユリ

山百合　＊ユリ科　ユリ属　日本特産

高さ：1〜1.5 m　花期：7〜8 月

＊山地や丘陵の林の縁に生育し花は直径 20 cm 以上もあり、むせかえるような強い芳香を持っています。

●カワラナデシコ

河原撫子　＊ナデシコ科　ナデシコ属

高さ：30〜100 cm　花期：7〜9 月

＊山野の日当りのよい草地や河原などに生育するので。花弁は 5 個で、淡紅紫色の花が細かく切れこみ、優雅な感じです。

クガイソウ

九蓋草
＊ゴマノハグサ科
クガイソウ属
高さ：1 m
花期：7〜8月

＊輪生する葉が、何段もの層になっているので。淡紫色の花が、びっしりと総状につき、遠くからもよく目立ちます。

マルバキンレイカ

丸葉金鈴花　＊オミナエシ科　オミナエシ属
高さ：30〜70 cm　花期：7〜8月

＊葉は広卵形で、金鈴花の名のとおり、花冠は筒状で、小さく、かわいい感じの花を咲かせます。主に北日本に多いようです。

●シモツケソウ

下野草　　＊バラ科　シモツケソウ属
高さ：30〜60 cm　花期：7〜8 月

＊シモツケは下野（栃木県の古名）で発見された木で、シモツケソウは、草の名です。紅色の美しい花はよく目立ちます。

●エゾノヨツバムグラ

蝦夷ノ四葉葎　　＊アカネ科　ヤエムグラ属
高さ：10〜20 cm　花期：7〜8 月

＊葉は 4 個輪生し、楕円形で先は円く、北海道に多くみられるつる草という意味です。全体的にやや小型で、葉も小さく、花も可憐な感じです。

マツムシソウ

松虫草

＊マツムシソウ科
　マツムシソウ属

高さ：60〜90 cm

花期：9月

＊マツムシ（現在の鈴虫）の鳴くころに咲くという説と、実の形が巡礼の“松虫証(かね)”に似ているという説があります。高原の秋を代表する花です。

ミヤマカラマツ

深山唐松

＊キンポウゲ科
　カラマツソウ属

高さ：20〜70 cm

花期：8月

＊深山に生育するカラマツソウという名で、白くて長い雄しべが目立ちます。雄しべが唐松の葉に似ていて、小葉の先が丸く、裏面が白っぽく、托葉がありません。

ミネウスユキソウ

峰薄雪草　＊キク科　ウスユキソウ属

高さ：10〜15 cm　花期：7〜8 月

＊ウスユキソウは白い綿毛をかぶった苞葉が薄く積った雪のように見えることからの名で、ミネは高さも低く、花も直径 5 mm ほどと小さく、柄がほとんどなく深山の草地に多いのが特徴です。

トンボソウ

蜻蛉草　＊ラン科　トンボソウ属

高さ：15〜35 cm　花期：7〜8 月

＊湿り気のある草地に生育し、淡緑色の花を穂状に多数つけます。とんぼの飛んでいる姿に似ていることから名づけられたようです。

リョウブ

令法　　＊リョウブ科　リョウブ属

高さ：5〜8 m　花期：7〜8 月

＊日当りのよい山地に生え、総状花序の白い花を多数つけます。幹がすべすべして、樹皮がはがれたあとは、美しいまだら模様になってよく目立つので、庭木にも利用されます。

オミナエシ

女郎花　　＊オミナエシ科　オミナエシ属

高さ：80〜100 cm　花期：8〜9 月

＊秋の七草のひとつ。葉は対生し、羽状に切れ込み、茎の上部で枝分れしています。枝先に小さな黄色の花が多数つき、全体のやさしい感じからオミナエシの名がつけられました。

クルマユリ

車百合
＊ユリ科　ユリ属
高さ：30〜100 cm
花期：7〜8月

＊和名は茎の中部に輪生する葉を車輪の輻(や)に見たてたもので、花被片は朱赤色で、そりかえり、濃紅色の斑点が目立って美しく咲き匂っています。

ウツボグサ

靭草　＊シソ科　ウツボグサ属
高さ：10〜30 cm　花期：6〜7月

＊花の散った花穂(かすい)の形を、矢が雨にぬれるのを防ぐための武具"靭(うつぼ)"に見たてた和名。山野の日当りのよいところに生育し紫色の唇形花を密集してつけるので、よく目立ちます。

キツリフネ

黄釣舟
＊ツリフネソウ科
　ツリフネソウ属
高さ：30〜80 cm
花期：7〜8 月

＊和名のツリフネは花形が船を釣り下げたように見えることからで、キは黄色の意。ホウセンカの仲間で、熟すと果皮が裂けて、種子を飛散させます。

ツリフネソウ

釣舟草　＊ツリフネソウ科　ツリフネソウ属
高さ：50〜80 cm　花期：7〜8 月

＊細い柄の先にぶらさがって咲く花を、花器の釣舟にたとえた説と帆掛舟に見たてたという説もあります。キツリフネと同じホウセンカの仲間で、花色は紅紫色です。

《蔵王の山々・紅葉》

不忘山山頂

不忘山遠望

不忘山頂間近のハクサンイチゲ

不忘山北斜面のハクサンイチゲ

おおらかな南屏風岳

不忘山（左）と南屏風岳（右）

杉ケ峰（左）と刈田岳遠望

刈田峠入口より杉ケ峰を望む

芝草平の池塘(ちとう)

ワタスゲそよぐ芝草平の池塘

屏風岳山頂

芝草平チングルマ群落

駒草平よりの熊野岳遠望（右上）

熊野岳山頂より御釜を俯瞰（ふかん）

熊野岳より地蔵山

北蔵王山形神室岳遠望

賽ノ磧から刈田岳遠望

駒草平より青根温泉方面

杉ケ峰と屏風岳（左）

賽ノ磧より後見坂方面

馬ノ背と熊野岳（中央奥が山頂）

春のお釜

不帰（かえらず）の滝

（コマクサ平より）
お釜より流れ、濁り川に、下流は松川、白石川に合流する。

三階の滝

（滝見台より）
日本の滝 100 選
澄川上流から下流は松川に合流する。

コケモモ

ミヤマガマズミ

ガンコウラン

ゴゼンタチバナ

オオカメノキ

ハリブキ

タケシマラン

サンカヨウ

シラタマノキ

ナナカマド

アカモノ（イワハゼ）

マイヅルソウ

ミヤマホツツジ

オオバタケシマラン

クロヅル

ヒロハノヘビノボラズ

参考図書

○「原色新日本高山植物図鑑Ⅰ・Ⅱ」　清水建美　保育社

○「山渓ハンディ図鑑 2　山に咲く花」　畦上能力・永田芳男　山と渓谷社

○「山渓ハンディ図鑑 3〜5　樹に咲く花」　高橋秀男・勝山輝男監修　山と渓谷社

○「山渓ハンディ図鑑 8　高山に咲く花」　清水建美・木原浩　山と渓谷社

○「蔵王の自然と植物」　結城嘉美監修・加藤久一著　高陽堂書店

○「蔵王の花」　村上孝夫　金港堂出版部

○「みやぎ 野の花山の花」　村上孝夫　金港堂出版部

○「花の蔵王」　大場俊司　ほおずき書籍

○「宮城の高山植物」　宮城植物の会　河北新報社

○「蔵王・花の旅」　趣味の山野草編　栃の葉書房

○「日本列島花 maps　宮城・山形・福島」　北隆館

○「高山・亜高山の花　ポケット図鑑」　増村征夫　新潮文庫

○「野と里山と海辺の花　ポケット図鑑」　増村征夫　新潮文庫

○「フラワートレッキング　蔵王連峰」　日野東・葛西英明　無明社出版

索　引

ヒ

フ

ヘ

ホ

マ

ミ

ム

メ

モ

ヤ

ユ

ヨ

リ

レ

ワ

— MEMO —

— MEMO —

— MEMO —

— MEMO —

— MEMO —

— MEMO —

あとがき

蔵王連峰の花々を、コース別にわけることは、とてもむずかしいことでした。何しろ、すべてのところに生育しているものもあれば、たった一ヶ所にだけ咲いているものもありました。どの生育地に掲載した方がいいか迷いましたが、やはり数多く見られるところに載せることにしました。それで、山形側のいろは沼周辺、ザンゲ坂周辺などのところには、同じ花でも、他のものとは異なる写真を載せることにしました。そのため、少しわずらわしいようになりましたが、索引をご活用なされて、花の概要をご理解ください。

御田神湿原、芝草平、いろは沼周辺など、木道が整備されているところは、木道を歩いて、植物を踏みつけないようにしたいものです。登山道の歩行にしても、できるだけ道からそれないようにしましょう。

登山道の歩行時間はあくまでも目安です。観察の時間を含んではいません。なるべく余裕のある時間設定をなさって、楽しい花の山旅をしてほしいものです。

歩いて楽しむ　**蔵王連峰の花**

平成29年10月17日　初版発行

著　者　村上孝夫
発行者　藤原直

発行所　株式会社金港堂出版部
仙台市青葉区一番町2-3-26
電　話（022）397-7682
ＦＡＸ（022）397-7683

印刷所　笹氣出版印刷株式会社

ISBN978-4-87398-118-5
定価は表紙に表示してあります。
落丁本、乱丁本はお取りかえいたします。